中華傳統節日

圖解小百科 2

鄧子健、新雅編輯室 著

鄧子健 繪

新雅文化事業有限公司

www.sunya.com.hk

中華傳統節日圖解小百科 2

作　　者：鄧子健、新雅編輯室
繪　　圖：鄧子健
責任編輯：陳奕祺
美術設計：劉麗萍
出　　版：新雅文化事業有限公司
　　　　　香港英皇道499號北角工業大廈18樓
　　　　　電話：（852）2138 7998
　　　　　傳真：（852）2597 4003
　　　　　網址：http://www.sunya.com.hk
　　　　　電郵：marketing@sunya.com.hk
發　　行：香港聯合書刊物流有限公司
　　　　　香港荃灣德士古道220-248號荃灣工業中心16樓
　　　　　電話：（852）2150 2100
　　　　　傳真：（852）2407 3062
　　　　　電郵：info@suplogistics.com.hk
印　　刷：中華商務彩色印刷有限公司
　　　　　香港新界大埔汀麗路36號
版　　次：二〇二四年六月初版
　　　　　二〇二四年十二月第二次印刷

以下照片來自Dreamstime (www.dreamstime.com)：P.31 月亮；P.49 拜七姐、七巧版；P.50 龍舟比賽、龍舟比賽（貴州鎮遠）；P.51 大澳龍舟遊涌、艾草、糭子；P.52 盂蘭勝會、大士爺、神功戲；P.53 萬里長城、蟹、菊花、茱萸；P.54 花燈、燈籠、月餅；P.55 舞火龍、閩南湯圓

ISBN: 978-962-08-8366-8
© 2024 Sun Ya Publications (HK) Ltd.
18/F, North Point Industrial Building,
499 King's Road, Hong Kong
Published in Hong Kong SAR, China
Printed in China

圖文並茂　細訴傳統節日的內涵

中華傳統節日歷史悠久，源遠流長，每一個節日都有獨特歷史淵源、動人傳說、風俗禮儀，表達了人們對美好生活的希望和憧憬，反映出人們對倫理道德的追求，體現了人們與自然的和諧共存，是建構中華文化的重要一環。香港雖是中西薈萃、充滿潮流時尚、現代化的國際都會，但也一直保留不少中華傳統節慶文化習俗，而且極具鮮明特色和文化價值。

翻開由鄧子健先生創作及繪製的《中華傳統節日圖解小百科》系列，見到圖文並茂，以不同精美插圖，娓娓道來中華傳統節日的故事、習俗、源由和特色，有趣之極。繪本作家鄧子健先生在香港出生，土生土長，一直對中華文化和香港文化深感興趣，創作亦以文化為主。鄧先生有豐富的繪本創作經驗，曾出版多本暢銷兒童繪本，作品以生動有趣、培養興趣和啟發思考著稱。除了創作繪本外，鄧先生亦積極投身教育工作，曾與多間學校和機構合作，向兒童分享繪畫技巧，發掘繪畫樂趣，推動藝術發展。

這套繪本不只畫出大家耳熟能詳的節日故事，更加入中國各地不同的節日風俗，深入淺出解釋香港的獨特慶祝活動和非物質文化遺產，例如端午節「大澳端午龍舟遊涌」、盂蘭節「香港盂蘭潮人勝會」、中秋節「大坑舞火龍」和「薄扶林村舞火龍」。繪本以別具特色的中華傳統節日故事和習俗，輔以獨特風格的有趣圖畫，相信能給家長和老師為兒童的教學帶來極大助益，能使他們認識中華傳統節日，培養學習中華文化的興趣，加深對文化的承傳精神。

伍德基

香港中華文化發展聯合會主席

藉着傳統節慶 與孩子一同觀察、探究、體驗生活

孩子成長路程上滿載「傳統節日」的驚喜，節慶故事為孩子打開中國傳統神秘文化的大門，色彩斑斕，引起孩子對中國神話及文化的好奇心。然而，隨着年齡的增長，孩子開始質疑虛幻故事的真實性，對中國文化的熱情逐漸減少，以至淡忘根本。追溯遠古，一個民族的崛起，依賴傳統文化背後的龍圖騰之勇氣、進取的精神。讓孩子從小種下對民族、傳統文化的欣賞、愛護之情懷，是需要有溫養的泥土、環境、引導、培育，促其成長並開枝散葉。閱讀一本好書，提供了這個成長的機會。

《中華傳統節日圖解小百科》系列從農曆新年開始，介紹不同傳統節日的由來故事、生活習俗、各地的活動、相關的食物及物品。內容精簡易讀，涵蓋面豐富，配合香港是非常重視中國傳統文化習俗的地方，可以幫助家長、老師帶領孩子輕鬆跨進中國傳統文化的門檻。以下分享幾個善用本系列圖書，陪伴、延伸孩子閱讀熱情的想法。

觀察生活： 傳統節慶事物經常呈現在我們的生活中。家長不妨與孩子一起帶着好奇心，以尋找每月一節慶的吃、喝、玩、樂為目標，好好觀察節慶事物。以端午節為例，配合書中內容，發現游龍舟水、放風箏等有趣活動。

探究生活： 欣賞傳統的同時，家長還可與孩子一起對節慶的由來、習俗尋根究柢。例如端午節除了紀念屈原外，與節氣有什麼關係？帶着探究精神，從科學的角度思考，學習生活小常識。

體驗生活： 香港有不同的中國傳統節假日及活動，家長帶着孩子參與其中，在理解中感受節日背後人們對國家的忠誠、對雙親的孝道、對自由愛情的追求等重要價值和美好的情感，讓孩子在童年留下對傳統文化的美好回憶。

這套圖書從耳熟能詳的民間故事，到多方面知識點及豐富的插圖，使中華文化更有人情味，更立體地呈現，讓傳承教育及親子溝通有更多特別的話題。

黃毅娟

香港學校圖書館主任協會會長

給孩子的話

　　小朋友，在你學校手冊的校曆表上，標記了不少公眾假期，而大部分假期都與中華傳統節日有關。傳統節日是我們生活的組成部分，例如農曆新年我們會換上新衣，向親友拜年逗利是；在端午節，會吃糭子和觀賞龍舟比賽。你知道這些節日從何而來嗎？它們背後有什麼傳說故事？中國各地的人們又會做什麼活動呢？

　　《中華傳統節日圖解小百科》一套兩冊，按照節日的時序，從一年伊始直至歲晚，分別為：第一冊講解「農曆新年」、「元宵節」、「清明節」、「天后誕」、「佛誕」；第二冊介紹「端午節」、「七夕節」、「盂蘭節」、「中秋節」、「重陽節」、「冬至」，總共 11 個節日。本套書冊以活潑的圖解形式，由獅子頭和大頭佛這兩位在新春期間常見的角色，為你講述這些節日的由來、習俗和應節食物等。內容既涵蓋中國內地的慶祝活動，也會講解香港一些著名、歷史悠久的節日習俗，讓你大開眼界，發現有「廟會」、「打鐵花」、「拔河」、「跳鍾馗」、「旱龍舟」、「觀潮」、「燒番塔」、「繪畫九九消寒圖」等有趣的過節活動呢！

　　為了加深你對這些節日的了解，看過後能溫故知新，兩冊圖書的後頁設有「節日小達人挑戰賽」，看看你能答中多少條題目；還有「節日照片小寶庫」，讓你更能感受到不同的節日氛圍。

　　中華傳統節日是我國文化的瑰寶，它們不僅趣味盎然，還能幫助你了解中國文化，並學習到團結、敬愛、尊重和感恩等良好品格。

　　小朋友，快來展開探索節日之旅吧！

新雅編輯室

目錄

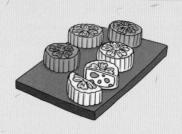

小朋友，我是大頭佛。我對中華節日充滿濃厚興趣。我會和獅子頭一起帶你認識不同傳統節日！

大家好，我是獅子頭。我喜歡過節的氣氛，更喜歡品嘗不同的應節食物。希望這一趟傳統節日之旅，可以為大家帶來滿滿收穫！

端午節

獅子頭，是龍舟比賽啊！農曆五月初五是端午節，「端」有初始的意思，而古時「五」和「午」相通，所以「端午」就是「初五」。

相傳端午節是紀念楚國詩人屈原的節日，人們希望藉此傳承他的愛國精神呢。

端午節 是怎樣來的？

為什麼說屈原是愛國詩人？他與端午節又有什麼關係呢？哈哈，不用着急，讓我把屈原的故事告訴大家吧。

屈原的傳說故事

屈原是戰國時期楚國的大臣，他忠君愛民、精通治國之道，而且才華橫溢，因此受到百姓愛戴，也深得楚王歡心。

眼見屈原備受重用，其他官員都十分嫉妒，便對楚王說屈原的壞話，最終楚王聽信讒言，把屈原趕出都城。

被流放的屈原心中鬱悶，只好透過文字抒發，寫下不少愛國詩篇。

4 後來，楚國被秦國侵略。屈原目睹國家被攻破，楚王也死去，他心痛不已，於是抱着一顆大石頭跳進汨羅江。這一天是農曆五月初五。

5

屈原死後，楚國百姓紛紛到江邊去憑弔屈原。有的人為了防止魚蝦咬食屈原的身體，就做了竹筒飯丟到江裏去餵飽牠們。後來，竹筒飯演變成用竹葉包裹而成的糉子。

濕熱的端午節

關於端午節的由來，還有一個說法。農曆五月開始，氣候逐漸濕熱起來，人們較為容易生病，而古人認為五月初五是五月最不吉利的日子，便在這天進行消災驅疫的儀式。

當時，有些漁夫不停在江上划船，想把屈原的屍體打撈上來，但不論怎麼找也找不到！不過划船的行動，就衍生出了端午節划龍舟的習俗。

人們在端午節會做什麼？

大頭佛，人們過端午節，不是只會進行龍舟比賽和吃糉子嗎？

獅子頭，當然不是啊！中國各地都有多姿多采的端午節習俗，消暑熱鬧又好玩呢！

龍舟比賽

由紀念屈原而來的習俗，時至今天已發展成國際性的比賽項目，講求團體合作，參賽者以協調一致的力量和節奏推動龍舟前進！

旱龍舟

在附近沒有江流河水的地方，人們會在陸地上划旱龍舟。例如潮州饒平，人們會用竹篾和彩色紙紮成龍舟，穿上古代戲服，抬着它穿過大街小巷。

綠艾懸門漾漾彩

芬芳

插艾草

傳說有神仙在農曆五月初五教人們在門檻上插艾草，成功避過了瘟災。自此，民間就有了在端午節將艾草插在房檐或門上驅疫的習俗。

貼五毒圖剪紙

五毒是指夏天出沒的蛇、蠍、蜈蚣、蟾蜍和蜥蜴。端午節時值炎炎夏日，五毒肆虐，人們便將五毒圖剪紙貼在家中或小孩身上，用以避邪。在河南、山東和山西一帶，剪紙上更有公雞，寓意五毒被公雞吞食，保佑家宅平安。

放風箏

在廣東石城縣，孩子在端午節正午時分，以燒符水洗過手和眼後，將符水潑到道路上，然後「放殃」，即放風箏，寓意送走災難。

游龍舟水、洗龍舟水

古人認為端午節適宜沐浴驅邪，而龍舟象徵吉祥，所以爸媽會在這天帶孩子泡泡水或游泳，稱為「游龍舟水」；廣州人則會在這天帶孩子去江裏「洗龍舟水」，嬉嬉水，兩者同樣祈求孩子快高長大。

嘩，大頭佛！原來端午節有不同糉子啊？

對啊！在中國，南方及北方人們的生活習慣不同，所以糉子的口味也有分別。普遍而言，南方的糉子以鹹味為主，北方的糉子口味偏甜。

吃糉子

廣東裹蒸糉

傳說古時的端午節與用來計算日子的二十四節氣之一——夏至有關。它們都在同一日。夏至時，人們會包裹糧食蒸煮，用來祭日，祈求豐收，廣東裹蒸糉就是由此而來。裹蒸糉內有元貝、蓮子、五香肥肉等滿滿餡料，令人垂涎。

山東紅棗黃米糉

在山東，人們會用黃米和紅棗包糉，寓意傳宗接代。以前人們生活艱苦，沒有多餘的錢買糖，甜味就靠紅棗了！

未食五月糉，寒衣不入櫃

根據中國古人對天文和曆法的研究，未過端午節，天氣仍不穩定，所以先別收起冬衣，以防天氣突然轉冷。

大頭佛你看！下面有個人打扮成驅鬼的神祇在跳舞，還有幾個小孩在木盤中泡水。

對呀！這些都是中國某些地區有趣的端午節活動。

鍾馗

徽州「跳鍾馗」

跳鍾馗在徽州已有四百多年歷史。鍾馗是傳說故事中捉鬼驅邪的神祇，人們打扮成鍾馗，為當地百姓祈福消災、消除五毒、保祐平安。

屈原故里端午文化節

文化節在屈原的故鄉湖北宜昌秭歸縣舉行，一連串應節活動連番上演，貫穿整個農曆五月。除了做香包、為孩子洗艾葉浴外，還有龍舟世界杯、詩歌大賽等。

泡艾葉水真舒服，可以抗菌、抗病毒。

大澳端午龍舟遊涌

在端午節,香港的大澳會進行龍舟遊涌活動,是當地獨特的儀式,已傳承超過100年了!

為什麼有龍舟遊涌?

據說大澳在百多年前出現瘟疫,漁民得到神明啟示,把4間廟宇的神像請出來放在由舢舨改裝而成的「神艇」上,由龍舟拖行巡遊大澳各水道。自此,在端午節遊涌的傳統便延續至今。

↖ 大澳的龍舟遊涌源於發生瘟疫。

遊涌時間線

1 五月初:**推龍**
大澳傳統龍舟協會成員把龍舟推到水上,划到船廠維修。

2 五月初四:**接神**
成員划着龍舟,後面拖着神艇,到大澳4間廟宇迎請神像供奉。

3 五月初五:**採青**
成員划着龍舟到寶珠潭山邊採集青草,把青草放進龍舟的龍口中。

4 五月初五:**喝龍**
成員以雄雞的血混合白酒,噴灑到龍舟上,用以辟邪。

5 正式遊涌

龍舟拖行載着神像的神艇巡遊大澳水道，途中龍舟協會的成員會焚燒金銀衣紙和向水面撒米飯和菜，祭祀水中幽魂，希望透過神明力量淨化社區，祈求漁村水陸平安。

現在，大澳的生產主業已由漁業轉型為旅遊業，要繼續傳承這個傳統並不容易。大澳的傳統漁業行會在2008年聯合組成「香港大澳傳統龍舟協會」，合力保存這個歷史悠久的節日活動。

沒錯啊！如果這個傳統習俗逐漸消失，真的很可惜呢！

經過大涌橋時，工作人員會將橋升起讓龍舟和神艇通過，以示對神明的尊崇。

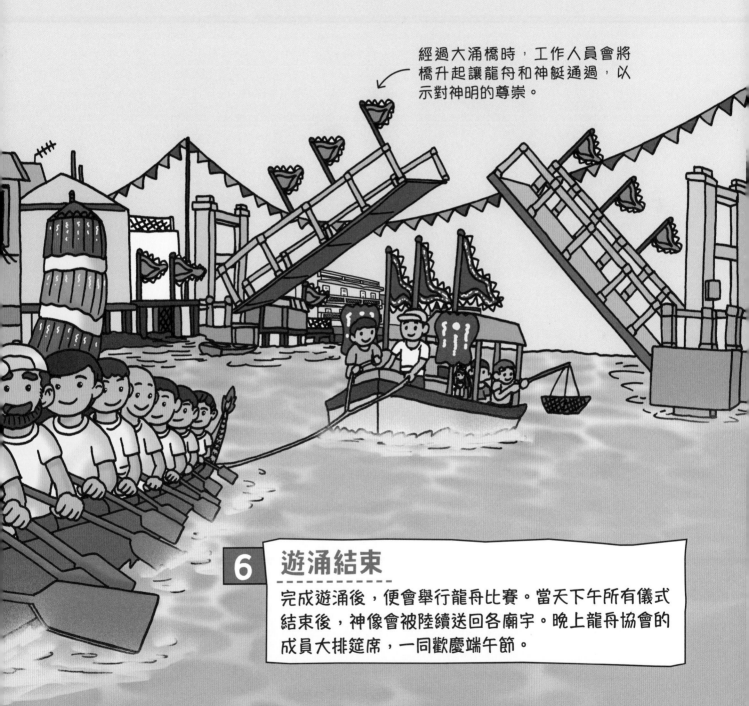

6 遊涌結束

完成遊涌後，便會舉行龍舟比賽。當天下午所有儀式結束後，神像會被陸續送回各廟宇。晚上龍舟協會的成員大排筵席，一同歡慶端午節。

七夕節

農曆七月初七是七夕節。「夕」指黃昏，織女星在當晚升上全年最高點。在漢朝，七夕節更與牛郎織女的故事結合起來，演變成浪漫的中國情人節呢！傳說織女是玉帝的第七個女兒，所以七夕節也叫「乞巧節」或「七姐節」。

在七夕節，人們會拜織女、拜姻緣石，盼望獲織女賜予良緣。

19

七夕節 是怎樣來的？

獅子頭，你聽說過七夕節的由來嗎？那是與牛郎織女的傳說有關呢。

我聽過呀，這個故事由天空中，隔着銀河對望的兩顆星辰發展而來的。這個故事有不同版本，讓我說說其中一個版本啦！

牛郎織女的傳說故事

1

傳說織女是天上王母娘娘的孫女，她擁有一雙巧手，能夠編織出美麗彩霞。

2

凡間有一個聰明忠厚的牛郎，他自幼父母雙亡，靠一頭老牛耕種過活。

3

一天，牛郎認識了來到凡間的織女，二人互相愛慕。後來織女又偷偷下凡，還嫁給了牛郎，誕下了兩個孩子。

④ 王母娘娘知道後勃然大怒，把織女帶回天庭。牛郎很傷心，在老牛的指點下擔着兩個孩子去追織女。

⑤ 快要追上時，王母娘娘揮出金簪，金簪立即化成一道銀河把牛郎和織女隔開，兩人只能相對哭泣。

⑥ 幸好，二人真摯的愛情感動了上天，王母娘娘只好答應讓他們在每年農曆七月七日見面，到時喜鵲飛來，在銀河上搭建鵲橋，讓他們相會。

牛郎和織女真的能相會嗎？

天上的牛郎星來自天鷹座，而織女星來自天琴座，兩顆星星之間隔着寬廣無邊的銀河，其實並不能相會呢。

人們如何慶祝七夕節？

七夕節不只是情人相會的節日，還有很多有趣的傳統習俗，而且大部分都與女性有關！一起來看看現在人們在七夕會做什麼吧！

拜織女

相傳織女喜歡打扮，又擅長織布刺繡，人們為了向祂祈求巧藝和良緣，會準備水果、素菜、胭脂水粉、簪花和紙扇等女性用品。

七姐誕

在香港，人們會稱七夕節為「七姐誕」。在坪洲、西貢及石籬都有拜七姐的廟宇，婦女由農曆七月初六晚開始，進行一至兩晚的拜祭活動。

香橋會

每逢七夕，浙江嘉興便會舉辦香橋會。這座香橋象徵傳說中的鵲橋，由線香搭製而成。晚上，香橋會被焚化，寓意牛郎織女已走過鵲橋成功相會。

吃巧果

巧果是七夕的應節食品。在山東，巧果有多種做法，各有寓意。據說用桃木模具做的巧果可以辟邪，而將巧果用紅線串起來掛在孩子頸項，孩子之間交換來吃，可使孩子心靈手巧。

鬥巧

鬥巧是民間在七夕進行的比賽，比較內容包括將線穿過針孔、製作剪紙和彩繡等裝飾品。

能一口氣穿過七根針的針洞便叫「得巧」，失敗了便是「輸巧」。

拼七巧板

七巧板又叫做「智慧板」，是七夕的應節玩具，一套有7塊，形狀大小不一，可以靈活拼出各式人物、鳥獸等圖形，讓孩童發揮創意。

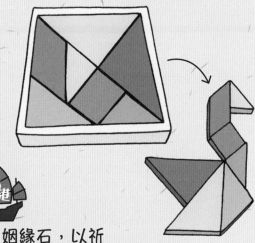

吉澳姻緣樹

在香港，七夕時，人們會拜姻緣樹或姻緣石，以祈求姻緣。位於香港的吉澳，有一株百年榕樹經歷雷擊後，向橫伸展。相傳當地有名男子被海盜擄走，他的情人每天都在這棵樹下等待，最後他順利逃回來。鄉民認為是他們的真情感動了上天，便將這棵樹叫做「姻緣樹」。自此，吸引了不少人前來拜樹求姻緣。

盂蘭節

人們在街上燒衣紙，就表示快到農曆七月十五日，即佛教的盂蘭節了。「盂蘭」指救助被倒吊的餓鬼。不過，由於盂蘭節由子時（即七月十四晚上11時至凌晨1時）開始，有的地方便視七月十四日為盂蘭節正日。

 盂蘭節 是怎樣來的？

盂蘭節的由來有多種說法，其中一個說法來自佛經中的「目連救母」故事，當中的孝道思想受到南北朝時期的梁武帝推崇，還舉辦盂蘭勝會（勝會：一大羣人舉行活動）。後來，這個習俗漸漸在民間廣為流傳。

目連救母的傳說故事

1 傳說佛陀的弟子目連修得天眼通、他心通和宿命通等「六神通」後，透過法力看見去世的母親在餓鬼道（餓鬼居住的地方）受苦，十分可憐。

2  目連利用法力，將食物拿給母親，但食物一送到母親嘴邊就化成了火焰。目連束手無策，便請求佛陀幫忙。

3  佛陀告訴目連，要在七月十五日盛放百味五果，供養十方眾僧，這樣便能幫助母親。目連做到了，他的母親終於離開了餓鬼道。

 大頭佛啊，這天好像還有一個叫中元節的節日？

 是的。中元節也在這天，目的是為了給亡靈赦罪，而盂蘭節主要是為了超渡逝世父母。由於兩個節日都有幫助死者的意思，它們的習俗便慢慢結合在一起。

人們在 盂蘭節 會做什麼?

大頭佛你快看!有人在路邊生火啊!

獅子頭,你冷靜點。那不是在生火,而是進行盂蘭節的習俗啊,讓我告訴你人們在盂蘭節會做什麼吧!

祭祀遊魂野鬼

踏入農曆七月,人們會帶備香燭、金銀衣紙和食物,在路邊燒街衣,希望孤魂得到溫飽。據說食物一碰到鬼魂的嘴就會變成火,所以大家會準備芽菜、豆腐、水果等水分較多的祭品。

吃鴨

在廣西,人們會吃鴨。傳說在這天,鬼魂會回家探親,由鴨子擔當交通工具,背着他們渡河來人間。所以,在生的人要宰殺鴨子,把鴨子送到陰間去。

放河燈

這天,人們把荷花燈放入水中,讓它們逐水漂流,稱為「放河燈」。傳統上,放河燈是為了給孤魂野鬼引路,現在更多是表達對已逝親人的追憶,和對幸福、平安的祈求,希望厄運隨着流水,一去不復返。

香港盂蘭潮人勝會

「勝會」指很多人一起舉行的活動。在農曆七月，中國內地和香港都會舉辦盂蘭勝會，既祈求在生父母身體健康，也為亡魂赦罪。

對呀！我們現在來看看香港的盂蘭勝會，它是由旅居香港的潮汕人帶來的。

勝會活動

香港的盂蘭勝會很熱鬧，活動包括：搭建戲棚上演潮劇神功戲*、超渡亡魂、派平安米、為先人消災的儀式等。

*神功戲：指因為神誕或傳統節日而上演的戲曲。

圖中為「走五土」儀式，請五方神靈降臨消災。

潮劇

盂蘭勝會的神功戲以潮劇為主。潮劇以潮州方言演唱，特色是「一唱眾和」，即一人領唱，大家附和。

台士大

南無阿彌陀佛

大士爺

傳統上，每個勝會都有大士爺的巨型紙紮像坐鎮。大士爺是盂蘭勝會的重要角色，負責監管遊魂野鬼，維持秩序。

中秋節 是怎樣來的？

「娥嫦奔月」、「吳剛折桂」和「玉兔搗藥」都是與中秋節有關的傳說故事呢！

沒錯呀！相傳嫦娥奔月時正是農曆八月十五日，於是每逢到了這天，人們就會在月下拜祭嫦娥。到了唐代，中秋節正式成為固定節日。

嫦娥奔月的傳說故事

❶

❷

為民除害後，后羿被擁戴為王。可是，他漸漸變得兇殘暴戾。

從前，天上有10個太陽，曬得土地乾裂、海水枯涸。有位英雄出現了，他就是后羿，他一口氣射下了9個太陽，留下一個太陽按時升降，百姓終於得以安居樂業。

吳剛折桂

傳說吳剛在仙界犯了錯，被懲罰到月宮砍伐桂樹，要把樹砍倒才能重回仙界。可是無論他如何用力砍，樹上的傷口都能馬上癒合，吳剛只能永無止境地砍下去。

④ 嫦娥偷取仙丹的事被后羿發現，情急之下她吞掉了仙藥。突然，她變得身輕如燕，向着月亮上的月宮飛去。自此，嫦娥便長居月宮，被民間尊稱為「月神」。

③ 一天，后羿向王母娘娘求來仙丹，希望可以長生不老。后羿的妻子嫦娥不想百姓繼續受到折磨，便把仙丹藏起來。

中秋的月亮

據天文學家研究，中秋節的月亮不一定是滿圓的。滿月有時會出現在農曆十四至十七日其中一天，而下次出現中秋節滿月的時間是2030年。

玉兔搗藥

傳說有隻善良的兔子為了其他動物，犧牲了自己。牠的善舉感動了上天，便被送到月宮做隨從。另外，月球上的陰影也像一隻兔子，因而有了不同版本的玉兔傳說。

31

人們如何慶祝**中秋節**？

每逢中秋節，我都會和家人一起賞月、玩燈籠！

不僅如此呀，中國各地還有不同過節習俗，連應節食品也有分別呢！我們一起來看看人們如何歡度中秋節吧。

去燈會賞燈

中國不少地方都會舉辦盛大燈會（如上海豫園、廣州永慶坊、香港維園等），展出各式繽紛奪目的花燈，有的燈會還結合了傳統建築，讓人猶如置身古代。

↖ 上海豫園的燈會古色古香

↖ 香港維園的燈會曾展出與粵曲相關的花燈

提燈籠

廣東和廣西的小孩子，在中秋節會提着燈籠走在街上。從前，人們會把插了蠟燭的燈籠碰撞在一起燃燒，祈求遠離厄運，叫做「打燈籠」，現在不會這樣做了，而且燈籠也多以小燈取代蠟燭。

觀潮

中秋節前後，位於浙江的錢塘江都會出現極大的涌潮，最高可達數米，出現一線潮、魚鱗潮等自然奇觀。中秋觀潮象徵遠方親友歸來，可以一家團圓。

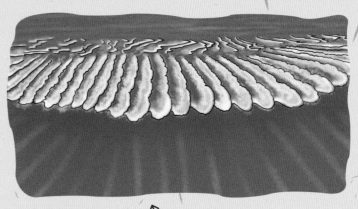

← 魚鱗潮

← 一線潮

世界奇觀

中秋節前後，地球上的潮汐受到月球引力的影響，引發較大的涌潮。而錢塘江因為地理因素，涌潮磅礴，被稱為「世界第一大涌潮」！

賞桂花、喝桂花酒

象徵富貴的桂花在入秋盛放，中秋過後漸漸凋零，人們便收集落花釀成桂花酒，留待明年享用，真是一大樂事！在中秋夜一邊賞桂花，一邊品嘗桂花酒，真是一大樂事！

陝西人會將西瓜切成蓮花狀食用。

賞月、吃應節食物

賞月是中秋節的必備節目，也是向嫦娥致敬的活動。人們在戶外或陽台上擺放桌椅，枱上放了應節食品，大家圍坐在一起，邊吃邊賞月。

月餅象徵團圓

柚子有保佑之意

江浙人會吃由蓮藕炸成的藕盒

我最期待的中秋節活動就是吃月餅。月餅的種類琳琅滿目，連口味也有鹹和甜呢！

明清時期，南方盛產糖，糖價便宜。由於在日常飲食中已常常使用糖，到了中秋節便在月餅中加蛋黃、肉類等，製成鹹月餅。北方糖價較貴，人們平時少吃甜食，便將糖留下來製作甜月餅。

各式月餅

京式月餅

京式月餅味道清甜，分為紅月餅和白月餅。傳說玉兔曾下凡，用紅藥和白藥治好了染疫的百姓，這兩款月餅便由此而來。

冰皮月餅

冰皮月餅由香港的餅店在1989年首創。餡料有蓮蓉、水果等，款式層出不窮。

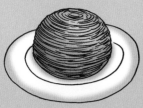

潮式月餅

潮式月餅的最大特色是外面炸至金黃色、入口鬆化的酥皮！

為什麼中秋節要吃月餅？

元末政府殘暴，民間準備起義。由於朝廷對百姓搜查嚴密，起義軍中的劉伯溫建議，把約定八月十五日起義的字條收藏在餅中，結果起義成功，從此便有了中秋節吃月餅慶祝的習俗。

燒番塔

在肇慶、佛山等地，中秋節會燒番塔。番塔高10米，由瓦片和磚頭組成，裏面放有木柴和乾草。燃燒番塔，火光熊熊！據說，這個習俗源於元朝末年，漢族人民以燒塔為起義信號，反抗元朝統治而來。

舞火龍

舞火龍是客家傳統習俗，目的是驅除瘟疫，在江西婺源、香港的大坑和薄扶林都有中秋節舞火龍的習俗。舞火龍一般由珍珠草、禾草或竹紮成，上面密密麻麻地插滿點燃的香枝。

以榕樹製作的火龍

在廣州市白石區也有中秋節舞火龍的習俗，但是他們的「火龍」比較特別，龍身以榕樹的枝葉組成，上面放了香枝、蠟燭和油盞，油盞一點燃，火龍舞動時煙火燦爛！

重陽節

農曆九月初九是重陽節，不少人會選擇在這天登高。中國古典文獻《易經》把「六」定為陰數、「九」定為陽數，而九月初九有兩個「九」，所以叫做「重陽」或「重九」。

在中國傳統中，「九」是最大的數字，而「九九」又與「久久」同音，有長久的意思，所以重陽節有祈求長壽之意，後來還被定為「敬老節」。

重陽節 是怎樣來的？

原來重陽節的由來與降魔伏妖的傳說有關？

沒錯。那是發生在東漢時期的故事。

桓景斬妖的傳說故事

1

相傳，東漢時有個人叫桓景，他的家鄉被一隻散播瘟疫的妖魔侵襲，他的家人染疫去世。

2

後來，桓景到東南山，拜費長房為師，努力修煉道術，師父還贈送他一把降妖青龍劍。

茱萸

菊花酒

3

一天，師父說九月九日瘟妖會再來到桓景的家鄉，讓他快下山為民除害，並叫村民把茱萸掛在身上，一起喝菊花酒，登高避禍。

4

瘟妖一聞到茱萸和菊花酒的氣味，果然不敢上山，最終還被桓景擊殺。從此，便有了重陽節登高、喝菊花酒、插茱萸的習俗。

重陽節與清明節的分別

清明節源自漢高祖劉邦拜祭父母的故事，祭祖意義較深厚；重陽節則源於登高避疫的傳說，並藉着「九九」的意義尊老敬老。

人們在 **重陽節** 會做什麼？

大頭佛，今天是重陽節，你猜猜我把什麼掛在耳朵上。

那是茱萸嗎？在身上插戴茱萸是重陽節的習俗呢。

拜祭先人

雖然相比清明節，重陽節的祭祖意義沒那麼濃厚，但仍有不少人扶老攜幼登高拜祭祖先，緬懷先人、表達孝心。

放風箏

人們在登高時會放風箏，據說隨着風箏飄得越高越遠，霉運也會跟着越飛越遠。這個習俗在廣東陽江更演變成每年一度的風箏節。

賞菊

在中國傳統文化中，菊花象徵長壽，而重陽節時菊花盛放，所以欣賞菊花便成為重陽節的習俗之一，祈求健康長壽。

插戴茱萸

茱萸聞起來有一種獨特的香味，可以殺蟲消毒、驅寒祛風。人們認為茱萸能辟邪消災，便在重陽節將茱萸戴在手臂上或者插在頭上。

老公公為太太插上茱萸。

登高

除了因為桓景的故事，讓古人有了重陽節登高的習慣外，還因為他們對山岳的崇拜，喜歡登高望遠。登高已成為重陽節的傳統習俗，既可以增加肺活動，又可以增強血液循環，促進健康！

嘩，大頭佛，人們在屋頂上放了一盆盆的是什麼？看起來色彩繽紛！

獅子頭，這是曬秋呀！山區一帶因為地形複雜，不易找到一大片平地，人們便想到利用屋頂和窗台曬農作物。

曬秋

在江西婺源等山區，仍然保留着重陽節曬秋的習俗，這是農家慶祝豐收的盛典。「曬秋」就是村民在窗台、屋頂或庭院等地方晾曬收穫的糧食和蔬果，層層疊疊的曬匾就像一個個調色盤，配合山區景致，真好看！

在重陽節，有不少特色的應節食物！

蟹

重陽節前後蟹肉最鮮美，人們會在這天吃蟹過節。為了聊表孝心，人們還會給長輩送上大閘蟹和保暖衣物。

重陽糕

重陽糕用麵粉混和紅棗、豆沙等材料製成，製法因地而異。由於「糕」與「高」同音，在沒有山可以登高的地方，人們吃糕代替登高，寓意步步高升。

羊肉麵

「羊」與「陽」諧音；麵條又長又瘦，寓意長壽。當中白麵的「白」字是「百」字減去「一」，寓意「九九」，於是羊肉麵就成為了重陽節的應節食物。

栗子糕

栗子糕是北京人在重陽節的應節小吃。重陽節前後正是板栗成熟的時節，這時的板栗甜糯可口、營養豐富，正好用來製作栗子糕。

冬至

來到冬至，一家人聚首一堂吃飯啦！冬至的日期並非固定的，一般在12月21日前後。

傳統上，冬至是祭天敬祖的節日。後來，演變成人們在這天與家人共晉豐盛晚餐的大節。

冬至 是怎樣來的？

大頭佛，為什麼會有冬至這個節日呢？

冬至是二十四節氣之一，有「冬季來臨」的意思，過了這天就進入一年中最寒冷的時期了。

古人的冬至

1

相傳，三千多年前，由周公利用「圭表」（圭，粵音歸）來量度日影長度，確立了二十四節氣的日期。

周公

2

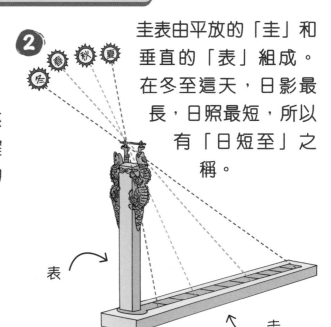

圭表由平放的「圭」和垂直的「表」組成。在冬至這天，日影最長，日照最短，所以有「日短至」之稱。

表

圭

3

古人認為冬至是迎接天地間陽氣和太陽的日子（從現代科學角度而言，白晝時間在冬至後開始增加），象徵否極泰來，也被視為一年的新開始，要好好慶賀！在漢代，人們會舉行「賀冬」儀式，休假三天，熱鬧程度猶如過年。

人們如何慶祝冬至？

俗話說：「冬至大過年。」這天，分散各地的家人趕回家過節，寓意年終有所歸宿。我們一起來看看，現在人們會怎樣「過冬」。

九九消寒圖

繪畫「九九消寒圖」，即是填九和畫九的習俗。要等待漫長的冬季過去並不容易，所以古人發明了這種消遣方法，每填寫一筆，便代表冬季過去一日了。到了現在，有些人仍喜歡玩這款遊戲。

其中一款填九是把 9 朵各有 9 片花瓣的梅花填色，由冬至起每過一天填一瓣。

這款填九可以在銅錢的指定位置填色，表示當日的天氣狀況。

畫九就是選用各有 9 畫的 9 個中文字，每過一天便填一畫。

獅子頭，你也來玩玩這個習俗遊戲吧！當你把全部顏色填滿或寫完每個字，便代表八十一天過去了，寒冷的冬天即將結束囉！

一天畫一筆，期待春天的到來！

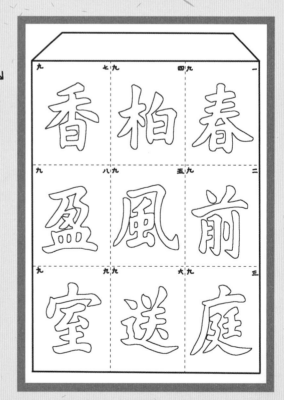

中國各地有不同的冬至應節美食，大致可分為北京地區以吃餛飩和餃子為主，江蘇一帶以湯圓和赤豆糯米飯為主。

餃子

在寒冷的中國北方流傳「冬至不端餃子碗，凍掉耳朵沒人管」的說法，只要在冬至吃了餃子，耳朵就不會被凍壞。

餃子的由來

東漢名醫張仲景在冬至用羊肉和藥物作為餡料包成「嬌耳」，熬湯給百姓喝，以治療耳朵凍傷。後來，「嬌耳」慢慢被稱為餃子。

餛飩

傳說盤古劈開「混沌」開天，創造新世界。而冬至被視為一年之始，在這一天吃「餛飩」，具有迎接新希望的意義。

湯圓

在閩南一帶，冬至時家家戶戶都會吃湯圓慶團圓。閩南湯圓有紅（代表人緣好）、有白（代表招財），但沒有餡料，俗稱「圓仔」。

赤豆糯米飯

在江蘇、浙江一帶的水鄉，人們會在冬至的晚上吃赤豆糯米飯，以驅走疫鬼、防災祛病。

赤豆糯米飯的傳說

相傳，有個叫共工氏的人，他的兒子生前壞事做盡，在冬至當天死後還化成疫鬼為害人間。他生前最怕赤豆，人們便在冬至煮吃赤豆糯米飯，把他嚇跑。

節日小達人挑戰賽

　　書中介紹的六個中華傳統節日，大家都仔細看完了嗎？是不是覺得很有趣，對這些節日的認識又加深了呢？我們設計了幾款遊戲，考考大家是否一個節日小達人。

 找找看 藏在詩詞中的節日

以下的古詩中隱藏了什麼節日呢？請把正確答案圈出來吧！

1
《九月九日憶山東兄弟》(唐) 王維

獨在異鄉為異客，
每逢佳節倍思親。
遙知兄弟登高處，
遍插茱萸少一人。

答：這首詩隱藏了

清明節 ／ 重陽節 。

2
《秋夕》(唐) 杜牧

銀燭秋光冷畫屏，
輕羅小扇撲流螢。
天階夜色涼如水，
臥看牽牛織女星。

答：這首詩隱藏了

中秋節 ／ 七夕節 。

3
《望月懷遠》(節錄)(唐) 張九齡

海上生明月，
天涯共此時。
情人怨遙夜，
竟夕起相思。

答：這首詩隱藏了

元宵節 ／ 中秋節 。

4
《缺題》(唐) 李商隱

重午雲陰日正長，
佳辰早至浴蘭湯。
涼風入座無消扇，
彩索靈符映羽觴。

答：這首詩隱藏了

重陽節 ／ 端午節 。

答案：1. 重陽節；2. 七夕節；3. 中秋節；4. 端午節

吃吃看 應節食物大配對

你知道以下是什麼節日的應節食物嗎？請把代表正確答案的
英文字母填在下方的橫線上。

A 潮式月餅

B 糭子

C 赤豆糯米飯

D 羊肉麵

E 重陽糕

F 蓮花狀西瓜

G 湯圓

H 巧果

1. 端午節的應節食物有：

   _____

2. 七夕節的應節食物有：

   _____

3. 中秋節的應節食物有：

   _____

4. 重陽節的應節食物有：

   _____

5. 冬至的應節食物有：

   _____

連連看 為節日和習俗配對

大家還記得不同的節日有哪些特別的活動嗎？請把圖畫和相關節日名稱連線。

① 燒街衣 •

• **A** 七夕節

② 舞火龍 •

• **B** 冬至

③ 填九、畫九 •

• **C** 重陽節

④ 賽龍舟 •

• **D** 中秋節

⑤ 鬥巧 •

• **E** 盂蘭節

⑥ 登高 •

• **F** 端午節

節日照片小寶庫

小朋友，認識了不同的傳統節日後，請你跟我一起來看看以下照片，加深你對這些節日的了解吧！

七夕節

拜七姐

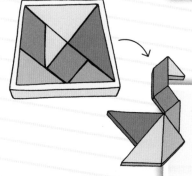

七巧板

龍舟比賽

© Mike K.| Dreamstime.com

龍舟比賽（貴州鎮遠）

大澳龍舟遊涌

插艾草

吃糭子

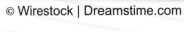

盂蘭勝會（香港）

盂蘭勝會的大士爺

盂蘭勝會的神功戲

重陽節

登高（萬里長城）

吃蟹

賞菊

插戴茱萸

中秋節

賞花燈

© Yiu Tung Lee | Dreamstime.com

玩燈籠

吃月餅

舞火龍（香港）

冬至

吃閩南湯圓

後記

小朋友，你在香港過節的時候，知道節日的起源嗎？

香港是一個具有濃厚中華文化色彩的地方，每逢節日除了有中國傳統的慶祝習俗外，還會有一些特別的活動，例如天后誕花炮會、中秋節大坑舞火龍、端午節大澳遊涌及佛誕長洲太平清醮等都是香港的非物質文化遺產（簡稱「香港非遺」）。

在香港土生土長的我，小時候其實並沒有太多留意香港的節慶習俗，直至十多年前透過一項工作中接觸到香港非物質文化遺產，才真正開始接觸香港的傳統文化，便很想把這些傳統文化傳承給下一代，於是創作出第一套的兒童知識類繪本《香港傳統習俗故事》系列，這個系列主要講述香港非遺的情況；而本書則着重介紹每個中華節日的起源、習俗以及香港慶祝的情況，以有趣的文字結合精美的插圖表達出豐富的節日知識。希望大家可以透過閱讀此書，更加認識祖國、認識香港。

作者・畫家簡介

鄧子健

兒童繪本作者及插畫家，Brother Studio畫室總監，香港創意藝術會會長，香港青年藝術創作協會主席。作品包括：《中華傳統節日圖解小百科》系列、《香港老店圖解小百科》、《香港傳統習俗故事》系列、《世界奇趣節慶》系列和《漫遊世界文化遺產》；繪畫作品包括：《五感識香港》和《橋相連，心相接：給孩子的香港故事》。

土生土長的香港人，對本地文化非常感興趣，閒時喜歡探索香港古蹟及文化習俗，近年在工作上參與研究香港的非物質文化遺產，希望能夠出版更多此類的兒童書，把香港傳統文化承傳給下一代。

作者簡介

新雅編輯室

新雅文化事業有限公司於 1961 年成立，至今已逾 60 年，出版的讀物陪伴了不少香港人長大。

這裏雲集一羣喜愛兒童，對出版充滿熱情和幹勁的編輯。我們關注兒童和青少年成長需要、家長和教師在教養和教學上所需的支援，以及肩負傳揚文化的使命，因而精心出版了不同題材的圖書。